AF305557

HISTOIRE

DU

DACUS DE L'OLIVIER

QUI RAVAGE L'OLIVE,

AVEC L'INDICATION DES MOYENS QUE L'ON DOIT EMPLOYER
POUR S'EN PRÉSERVER.

SUIVIE DES PREUVES

DE L'EXISTENCE DE DIEU,

Puisées dans la Géologie, la Zoologie et la Botanique.

PAR CÉSAR BLAUD,

Pharmacien à Beaucaire.

ALAIS

TYPOGRAPHIE DE J. MARTIN, GRAND'RUE.

1849.

HISTOIRE

DU

DACUS

DE L'OLIVIER.

HISTOIRE

DU

DACUS DE L'OLIVIER

QUI RAVAGE L'OLIVE,

AVEC L'INDICATION DES MOYENS QUE L'ON DOIT
EMPLOYER POUR S'EN PRÉSERVER.

SUIVIE DES PREUVES

DE L'EXISTENCE DE DIEU,

PUISÉES DANS LA GÉOLOGIE, LA ZOOLOGIE ET LA BOTANIQUE.

PAR CESAR BLAUD,

Pharmacien à Beaucaire.

ALAIS,

IMPRIMERIE DE J. MARTIN, GRAND'RUE.
1849.

HISTOIRE

DU DACUS DE L'OLIVIER

QUI RAVAGE L'OLIVE ;

avec l'indication des moyens que l'on doit employer pour s'en préserver. (1)

Macquart a appelé cet insecte *dacus oleæ*, et Latreille, *oscinis oleæ ;* genre des diptères, famille des athéricées , tribu des mucides.

---

(1) Cette histoire est extraite d'un plus grand ouvrage que l'Académie des Sciences de Paris , à laquelle nous

Ce *dacus*, qu'il nous importe le plus de connaître, parce qu'il attaque la partie de l'olivier la plus précieuse, le fruit, principal objet de nos labeurs, cet insecte, disons-nous, est délié, moins long d'un tiers que la mouche domestique (*musca domestica*).

Son corps, depuis le sommet de la tête jusqu'à l'anus, est long de 5 millimètres. Ses yeux, dès qu'il sort de l'olive, paraissent comme verts;

---

l'avons adressé, l'a fait examiner par une commission, prise dans son sein (*MM. de Gasparin, Boussingault, Milne Edwards rapporteur*), qui, après un sérieux examen, en a fait un rapport des plus favorables.

Ce corps savant, ayant approuvé ce rapport à l'unanimité, l'a fait imprimer à ses frais, et l'a répandu pour le faire connaître aux propriétaires du Midi.

Plus tard, si nous faisons imprimer cet ouvrage en entier, qui traite de la culture de l'olivier et des insectes qui le ravagent, on y verra représentés tous ces insectes et les dégradations qu'ils causent, dessinés par nous, pour aider l'intelligence du propriétaire.

mais dans moins d'une demi-journée ils devien-
nent d'un brun marron. Tout le reste de la
tête est d'un roux-clair mêlé de jaune. Ses
antennes ou palettes sont de couleur fauve mê-
lée d'un peu de brun à l'extrémité. Elles sont
aplaties sur les côtés, et se terminent en pointe.
Il y a, à chacune de ces palettes, un poil noir,
assez long, dont l'insertion est presque au milieu
de leur face antérieure. Elle a aussi, derrière
la tête, quatre poils de la même couleur, un
peu moins longs. Ses pattes sont de couleur
isabelle, avec un peu de brun à l'extrémité
des postérieures. Le thorax est de la même
couleur.

Son corselet est gris avec trois lignes noi-
râtres, longitudinales, qui partent de sa naissance et qui aboutissent presque jusqu'à
l'écusson ou espèce de bourrelet jaunâtre qui
est à sa base. Il a également, à chaque côté
du corselet, trois espèces de glandes jaunâtres.
Celle du milieu, qui est un peu en dessous
de la ligne des autres et sur la naissance des

ailes, est beaucoup plus grosse et en travers. Cette glande est traversée par une ligne oblique, très fine, qui la coupe en deux parties égales; et elle offre, à chacune de ses extrémités, une autre petite glande qui paraît presque y adhérer.

Ses ailes sont étendues, luisantes, transparentes, et les nervures vers la côte extérieure sont de couleur jaunâtre. L'insecte les agite assez souvent quoiqu'il reste longtemps à la même place et comme si son corps était frappé d'immobilité.

L'abdomen est brun sur les côtés, et d'un fauve rouge en dessus, avec une bande longitudinale, jaune sur son milieu, qui s'élargit vers l'anus, et forme une bande transversale occupant presque tout le pénultième segment.

Dans la femelle, l'abdomen est un peu plus renflé, et se termine par une tarière apparente, qui lui sert à inciser l'olive pour y introduire ses œufs. Aussi la femelle est-elle un peu plus grosse que le mâle. L'écusson et les glandes, dans la femelle, sont blanchâtres.

Cette mouche fait deux générations chaque année ; la première, au commencement du mois d'août, et la seconde, à la mi-septembre. Dans la première génération, toutes les larves passent à l'état de nymphe dans l'olive même.

Ordinairement, les effets de la première génération sont très peu sensibles, puisque l'on ne rencontre que çà et là quelques olives piquées par cet insecte.

Cette première ponte est produite par des *dacus* qui ont échappé, dans la terre, aux rigueurs de l'hiver. Mais si malheureusement cette saison a été douce, il en résulte, au printemps, une plus nombreuse métamorphose de ces insectes. Et alors la ponte du mois d'août étant plus abondante qu'à l'ordinaire, comme nous l'avons vu en 1844 et 1846, celle qui s'en suit est tellement désastreuse, que chaque olive contient une, deux, trois et quelquefois quatre larves de cet insecte comme en 1846.

Avant de déposer ses œufs dans l'olive, on voit cette mouche marcher sur ce fruit avec vitesse et irrésolution. Elle va et revient sur ses pas, agitée par un besoin pressant. Lorsque tout-à-coup elle s'arrête et applique sa tarière contre l'olive : alors elle fait des contorsions en tous sens, sans doute pour donner plus de force à la pression qu'elle emploie. L'on voit, dans ce moment, que la tarière pénètre peu à peu dans la chair de ce fruit. Cette opération dure à peu près une minute. Ensuite les contorsions cessent et l'insecte reste quelques secondes dans l'état de repos : c'est alors qu'il dépose son œuf ; puis il retire sa tarière de l'olive, reste quelques instans pour se remettre de son agitation, et s'envole.

Ce *dacus* ne dépose qu'un seul œuf dans chaque olive ; et si l'on trouve dans ce fruit deux larves, cela vient de ce qu'une seconde femelle y a déposé un autre œuf.

En examinant sur le champ l'endroit où ce fruit vient d'être piqué, on y voit déjà un point roussâtre, assez gros et très visible ; et huit jours après, ce point étant plus gros et plus foncé, on l'aperçoit à 5 ou 6 mètres de distance.

Les olives piquées dans la première ponte sont moins ravagées que celles qui le sont dans la seconde ; néanmoins une partie de ces olives se détachent de l'arbre sur la fin de septembre par l'effet de la maladie qu'elles ont éprouvée.

Si ces olives sont moins ravagées que celles de la seconde ponte, cela vient de ce qu'il faut, à la larve, la moitié moins de temps pour arriver à l'état de nymphe, à cause de la température élevée du mois d'août.

C'est à l'époque de la ponte du mois de septembre que l'olive devient jaunâtre avant de prendre la couleur noire qui est le signe de sa maturité.

Les variétés d'olives qui se colorent les premières, sont celles qui sont ordinairement le plus et le plus tôt attaquées, parce que le parenchyme de ce fruit coloré étant moins dur que quand il est tout-à-fait vert, cette mouche le préfère parce qu'elle a moins de peine à y introduire sa tarière.

Nous avons observé que les oliviers qui sont abrités sont bien plus exposés que ceux qui sont sur les hauteurs, à être attaqués non-seulement par cette mouche, mais encore par les autres insectes qui vivent particuliè-rement sur cet arbre.

L'éclosion des œufs de la seconde ponte commence du 25 au 30 septembre. La larve qui en résulte est blanchâtre; elle a la tête pointue, rétractile. Sa bouche est brune, les anneaux du corps sont un peu saillans, et

l'extrémité postérieure de l'abdomen est ar-
rondie.

Elle se nourrit de la chair de l'olive pendant
20 jours au moins; et c'est après ce temps
que l'on voit clairement ses ravages. Alors
le parenchyme de ce fruit est couleur de rouille,
et les cavités que la larve y a faites pour
se nourrir sont d'un brun foncé, tandis que
celui de l'olive saine et mûre, est d'un blanc-
jaunâtre dans le centre, et, en s'éloignant
de ce point, d'une couleur purpurine, qui se
fonce de plus en plus jusqu'à la circonférence.

Cette larve a, dans son plus grand développement, sept millimètres de longueur.

Un peu avant sa transformation, elle a la
précaution de se retourner et de présenter la
tête du côté où l'olive a été piquée, afin que
la mouche qui doit naître, n'éprouve aucun
obstacle pour sortir de ce fruit.

Pour se transformer en nymphe, cette larve

se contracte dans le sens de sa longueur comme font ordinairement les larves des autres espèces; elle devient alors plus courte d'un tiers. Mais sa grosseur augmente d'une manière proportionnelle. Cette nymphe est de forme ovale, et d'un blanc-jaunâtre.

Parmi les larves de la seconde génération, les unes passent à l'état de nymphe dans l'olive même, et les autres dans la terre. Cette différence de mœurs viendrait-elle de ce que les premières ont été plus tôt écloses que les autres? C'est là notre opinion.

Ordinairement, lorsque la transformation de cette larve a lieu dans l'olive, elle reste dans cet état de 33 à 36 jours. Puis la mouche perce son enveloppe du côté de la tête, sort de ce fruit, et s'envole.

Nous avons observé que cette mouche ne se nourrit point de la chair de l'olive; en effet, nous en avons fait éclore sous cloche, et, au moment de leur naissance, nous leur avons présenté des olives ouvertes et mûres; toutes se sont refusées à cette nourriture, et, dans cinq à six jours, elles sont mortes d'inanition.

Nous étions persuadé d'avance qu'elles n'en voudraient pas, parce que nous avions vu, à l'époque de la ponte de septembre, cet insecte se nourrir du parenchyme du revers de la feuille de l'olivier, sans néanmoins y faire la moindre plaie; parce qu'il mange en marchant, comme s'il broutait sur cette feuille.

Nous avons observé aussi que dès que cette mouche sort de l'olive, dans la seconde génération, elle reste quelques instans sur ce fruit pour préparer ses ailes au vol; puis elle prend son essor, quitte l'arbre qui l'a vu naître, peut-être pour ne plus y revenir.

Ce qui vient à l'appui de ce que nous avançons, c'est qu'en 1844 comme en 1846 nous eûmes une très grande abondance d'olives piquées par cet insecte, puisqu'il fut fort difficile de s'en procurer de saines, et que, malgré cela, il nous fut impossible, pendant tout le temps de la cueillette, que nous passâmes à la campagne, de trouver une seule de ces mouches après leur sortie du fruit, soit au tronc, soit aux branches ou aux rameaux verts de l'olivier (il est vrai qu'à cette époque, la grande majorité des nymphes est déjà dans la terre). Comme aussi, cet insecte étant dans l'impuissance de se reproduire avant de mourir, soit par l'effet de la température qui règne à cette époque, et soit aussi parce qu'on dépouille l'olivier de son fruit, doit cesser de vivre peu après qu'il est né. C'est sans doute pourquoi on ne le trouve nulle part après la cueillette.

C'est vers la fin du mois d'octobre que la majorité des larves du *dacus* cherchent à passer à l'état de nymphe. Les unes, et c'est le plus petit nombre, opèrent leur transformation dans l'olive même. Les autres, et c'est le plus grand nombre, sortent de l'olive, se laissent tomber à terre, pénètrent dans le sol à une profondeur de 4 à 5 centimètres; et là s'opère, dans 12 à 15 heures, leur changement en nymphe (1). Elles passent l'hiver dans cet état, et toutes celles qui résistent aux rigueurs du froid passent à l'état d'insecte parfait au printemps prochain.

Quant aux larves qui se métamorphosent

---

(1) Dans le temps nous pensions que cette larve, comme toutes celles des autres diptères, ne produisant point de soie pour se filer à terre, devait nécessairement se glisser de branche en branche pour pouvoir y arriver ; mais plus tard, ayant pris la nature sur le fait, nous avons vu que cette larve, après être sortie de l'olive, où elle ne trouvait pas l'élément de sa transformation, se laissait tomber directement à terre pour s'y introduire et s'y transformer.

dans l'olive même, l'insecte qui en résulte est perdu pour l'espèce, parce que la température du mois de novembre, comme nous l'avons déjà dit, n'étant pas propre à l'accouplement et encore moins à la ponte, attendu qu'alors on dépouille l'olivier de son fruit, cette mouche ne saurait où déposer ses œufs.

Ainsi, comme nous venons de le dire, toutes les nymphes qui, à cette époque, se métamorphosent en insecte parfait dans l'olive, sont victimes de leur précocité, parce que leur frêle organisation ne leur permet pas de vivre pendant la saison du froid.

On ne peut pas non plus supposer que cet insecte si faible pût passer la saison de l'hiver dans l'engourdissement, et fût ainsi soumis à la loi de l'hivernation. Au surplus, on le trouverait quelque part, et jamais, dans nos recherches, nous ne l'avons rencontré.

Avant la maturité des olives, la plupart de

celles piquées par ce *dacus* sont noires et tombent de l'arbre à cause de l'état maladif où elles se trouvent, tandis que celles qui sont saines et mûres, résistent encore sensiblement à la main qui veut les cueillir.

En 1840 nous eûmes assez d'olives piquées par cette mouche, et l'huile qui en provint ne fut pas de bonne qualité.

En 1839, malgré nos recherches minutieuses, il nous fut difficile de nous procurer de ces olives attaquées.

Dans les années antérieures à 1839, les olives piquées ne furent pas nombreuses; excepté en 1827 où presque toutes les olives, en Italie, en Corse, comme en France, renfermaient une, deux et assez souvent trois larves de cette mouche. Aussi, l'huile extraite de ces olives était-elle de couleur grisâtre, épaisse, et ressemblait-elle plutôt à un onguent qu'à de l'huile; elle ne put jamais devenir limpide ; son odeur était désagréable et son goût insupportable , et il fut impossible de la faire servir à l'apprêt des alimens. On fut réduit à l'employer à l'éclairage, et même elle ne répandait qu'une lueur terne, et pétillait comme si elle avait contenu de l'eau. Il est à croire que cette huile tenait encore en suspension des parties animales qui n'avaient pu s'en séparer.

La plus grande partie de cette huile fut vendue à bas prix pour la fabrication du savon commun.

Il paraît que la nymphe de cet insecte contient un acide particulier et très actif, puisqu'en 1827 , *année des mouches*, comme on l'appelait dans nos contrées, l'instrument en cuivre dont on se sert au moulin pour séparer l'huile de l'eau, dans la fabrication, était en peu d'instans couvert de vert-de-gris.

MOYENS PRÉSERVATIFS

pour les années ordinaires.

Nous avons dit que la mouche qui se métamorphose dans l'olive même était perdue pour l'espèce, attendu qu'elle ne peut pas se reproduire avant de mourir, d'abord parce que la température, au mois de novembre, n'est pas propre à l'accouplement, et ensuite parce qu'alors on dépouille l'olivier de son fruit.

Nous n'avons donc pas à nous occuper ici de cet insecte, puisqu'il meurt sans progéniture peu après qu'il est né.

Quant aux larves qui se laissent tomber à terre sur la fin d'octobre, qui pénètrent dans

le sol à la profondeur de 4 à 5 centimètres,
qui s'y transforment pour attendre le retour
du printemps, et qui forment le plus grand
nombre; nous allons indiquer un moyen sûr
pour nous débarrasser complètement de cet
insecte dévastateur; ce moyen le voici :

A partir depuis la ligne verticale des derniers
rameaux extérieurs de l'olivier jusqu'à son
tronc, répandez sur toute cette surface 25 à
30 centimètres de terre prise entre les arbres
et étendez-la partout également; ensuite tas-
sez-la fortement sur tous les points, afin que
cette terre étant ainsi serrée, réduite de moitié
par le tassement, et n'offrant alors aucun vide,
l'insecte, dans son enveloppe de nymphe, ne
puisse faire le moindre mouvement, et laissez
le tout en l'état jusqu'au mois de juillet;
l'arbre n'en souffrira nullement.

Par ce moyen, cet insecte si faible, mourra
infailliblement asphyxié sous le poids énorme

de cette terre serrée qui la recouvrira , sans pouvoir faire le moindre mouvement sur lui-même.

Nous n'entendons pas que cette opération se fasse plusieurs années de suite , parce qu'elle deviendrait inutile et trop dispendieuse. Il suffit de la bien faire une seule fois pour en obtenir un bon résultat.

Cette opération doit se faire après la cueillette des olives, si la terre n'est pas gelée ; dans le cas contraire on pourra attendre le dégel sans inconvénient puisqu'on en a la latitude jusqu'au mois de mars.

Ce procédé peut être employé avec succès dans tous les pays où l'olivier est cultivé. Mais il est nécessaire aussi d'y avoir recours d'une manière régulière et générale.

AUTRE MOYEN PRÉSERVATIF,

Mais dont on ne pourrait faire usage que dans les pays où l'on élague l'olivier pour en obtenir un meilleur produit, et pour rendre facile la cueillette des olives, par le peu d'élévation qu'on donne à l'arbre comme cela se pratique en France,

---

Pour qu'il ait un plein succès, il faut attendre une année où la récolte sera bien médiocre. Alors on commencera la cueillette des olives le 18 septembre, et on emploira assez de bras pour qu'elle soit terminée le 12 du mois suivant.

On prendra en même temps toutes les mesures nécessaires pour ne laisser aucune olive tant sur l'arbre qu'à terre, *rigoureusement parlant*.

Mais il faudra obliger les propriétaires des moulins à huile à accélérer leur travail pour qu'ils ne soient pas en retard avec la marche de la cueillette , et afin que l'extraction de l'huile puisse être terminée dans 8 ou 10 jours après avoir dépouillé les arbres de leurs fruits.

Il faudra en outre , que tous les propriétaires d'oliviers de la même contrée qui voudront employer ce procédé, soient rigoureusement forcés de s'y soumettre ; car un seul qui s'y refuserait suffirait pour en empêcher le succès.

L'huile que l'on obtiendra par ce moyen sera d'aussi bonne qualité que celle des autres années, et la quantité n'en sera aussi guère moindre. Ainsi, sans frais aucuns , on détruira pour longtemps cet insecte dévastateur par l'extinction de sa progéniture.

MOYENS PRÉSERVATIFS

pour les années extraordinaires comme en 1827, 1844 et 1846.

Nous avons dit qu'en 1827 toutes les olives renfermaient une, deux, et quelquefois trois larves du *ducus*. Nous en dirons de même pour 1844 et 1846. Aussi il nous a été presque impossible de nous procurer un petit nombre d'olives qui ne fussent pas du tout piquées par cet insecte.

Nous avons dit aussi que l'huile de 1827 avait une odeur désagréable et un goût insupportable ; qu'elle ressemblait plutôt à un onguent qu'à de l'huile, qu'elle n'avait jamais pu devenir limpide, et que l'instrument en cuivre dont on se sert au moulin était, dans peu d'instans, couvert de vert-de-gris.

En 1844 et en 1846, quoique les olives fussent autant piquées par le *dacus* qu'en 1827, néanmoins l'huile a été sans mauvaise odeur (quoique toujours d'un goût désagréable), et l'instrument en cuivre n'a pas été attaqué par l'acide de la nymphe.

Nous pensons que cette différence entre l'huile de 1827 et celle de 1844 vient d'abord des grandes pluies qui ont régné dans nos contrées lors du mois de septembre et d'octobre de cette année; et qu'ensuite, la cueillette de 1827 s'étant très prolongée à cause de l'abondante récolte, et ces olives malades ayant aussi trop resté en tas par la faute des moulins, furent bientôt décomposées, ce qui rendit cette huile détestable.

Il est certain que les olives cueillies au commencement de novembre 1844 et soumises de suite à l'extraction, ont donné une huile moins mauvaise que celle obtenue sur la fin

de ce mois. Mais malgré cette différence de
goût, ce fruit cueilli soit au commencement
de ce mois, soit à la fin, n'a produit que
la moitié de l'huile que l'on retire des olives
dans les années ordinaires, parce qu'il man-
quait à ce fruit presque la moitié de son
parenchyme. Aussi, le propriétaire, a non
seulement perdu la moitié de sa récolte,
mais encore l'huile qu'il a obtenue a été
tellement altérée qu'il a été impossible de
l'introduire dans le commerce.

Quant à l'huile de 1846, nous ferons bientôt
connaître les moyens que nous avons indiqués
à M. le maire de Beaucaire pour empêcher
le retour de cet accident.

Nous avons dit que la piqure du *dacus* de
l'olivier contre l'olive est très visible dès qu'elle
vient d'être faite; et que 7 à 8 jours plus
tard on l'aperçoit à 5 ou 6 mètres de distance. Il est évident par là que du 20 au

24 septembre, il est facile de s'assurer si les olives sont généralement attaquées par cet insecte.

Dans ce cas, le moyen le plus sûr pour éviter une grande altération dans l'olive, c'est de cueillir ce fruit dans la première quinzaine du mois d'octobre, époque où les ravages de la larve sont encore peu sensibles, et le soumettre de suite aux opérations de l'extraction de l'huile qu'il renferme.

Par ce moyen, l'huile non seulement sera de bonne qualité, mais en beaucoup plus grande abondance que si l'on attendait le mois suivant, et on détruira ainsi, peut-être pour longtemps, la progéniture de cet insecte.

Il est vrai que cette huile, extraite à cette époque, sera peut-être un peu verte pour le moment, mais au bout de peu de temps cette couleur disparaîtra, parce que le parenchyme de l'olive qui colore cette huile en vert, n'y étant pas soluble, se dépose au fond du vase.

Si, par une cause quelconque, on ne pouvait procéder de suite à l'extraction de l'huile, il faudrait mettre les olives en tas, les couvrir de toiles grossières; et la forte chaleur que produirait la fermentation asphyxierait une grande partie de ces larves, et toutes celles qui seraient encore en vie s'empresseraient de sortir de ce fruit pour ne pas s'exposer au même sort.

Voilà les moyens que nous croyons les plus efficaces pour éviter de nouveaux désastres, et nous pensons que dans l'intérêt général, il faudrait que les autorités supérieures prissent toutes les mesures nécessaires afin d'obliger les propriétaires d'oliviers à les mettre en usage.

Voici les moyens que j'ai indiqués à M. le Maire de Beaucaire.

———

Le 18 septembre dernier, je reconnus aisément que déjà le fruit de l'olivier était généralement attaqué par le *dacus*, au point qu'un nombre d'olives renfermaient jusqu'à quatre larves du dangereux insecte.

Je me hâtai d'en prévenir M. le maire de Beaucaire, et lui indiquai les moyens qu'il fallait employer pour en arrêter les ravages. Ce digne magistrat, dans l'intérêt de ses concitoyens, fit publier et afficher l'avis suivant :

Le Maire

de la Ville de Beaucaire,

Chevalier de la Légion d'Honneur,

A SES ADMINISTRÉS.

» Nos oliviers, cette année, ont été attaqués avec acharnement par les deux insectes qui leur sont le plus nuisibles.

» D'abord par la teigne de l'olivier (*tinea oleæ*), qui a tellement ravagé les grappes de fleurs au commencement du mois de mai, que nous n'avons presque pas de fruits.

» Puis par la mouche de l'olivier (*dacus oleæ*), qui, maintenant, sévit d'une manière effrayante contre le peu d'olives qui nous restent.

» Des observations nous ont été adressées par un de nos concitoyens, sur la mauvaise qualité d'huile d'olives que nous récolterons cette année, si l'on ne fait pas usage des moyens qu'il indique pour l'avoir meilleure.

» Comme maire, et dans l'intérêt général, il est de mon devoir de les publier, afin qu'on puisse les mettre en pratique.

» Souvenez-vous de ce que vous avez éprouvé en 1844 ! le ver de la mouche de l'olivier détruisit alors en grande partie la chair de l'olive, et vous n'eûtes que la moitié de l'huile que l'on retire ordinairement dans les autres années. Aussi, non seulement le propriétaire perdit la moitié de sa récolte, mais encore l'huile qu'il obtint fut tellement altérée qu'il fut impossible de l'introduire dans le commerce.

» Cette année-ci, vous êtes encore exposés

aux mêmes dangers, et le peu d'espérance qui vous restait sera encore perdu, si vous laissez tranquillement ce ver ronger le peu d'olives que nous avons, en ne les cueillant, comme en 1844, que dans le mois de novembre.

» Le moyen le plus sûr pour éviter une grande altération dans l'olive, c'est de cueillir ce fruit dans la première quinzaine du mois d'octobre, époque où les ravages de la larve sont encore peu sensibles, et de le soumettre tout de suite à l'extraction de l'huile qu'il renferme.

» Par ce moyen, l'huile non seulement sera de bonne qualité, mais en beaucoup plus grande abondance que si l'on attendait le mois suivant, et on détruira ainsi, peut-être pour longtemps, la progéniture de cet insecte.

» Si, par une cause quelconque, on ne pouvait procéder de suite à l'extraction de l'huile , il faudrait mettre les olives en tas , les couvrir de toiles grossières , et la forte chaleur que produirait la fermentation asphyxierait une grande partie de ces larves , et les autres s'empresseraient de sortir de ce fruit pour ne pas s'exposer au même sort.

» Voilà les moyens les plus efficaces que je me plais à vous faire connaître , pour diminuer les effets désastreux de cet insecte dévastateur.

» Beaucaire , 28 septembre 1846.

» *Signé* TAVERNEL , MAIRE. »

Les principaux propriétaires de Beaucaire qui cultivent l'olivier, désireux de constater les bons effets que cet avis a produits , ont rédigé et signé l'attestation suivante qui a été envoyée par M. le Maire à M. le Préfet , avec prière de la faire parvenir à M. le Ministre de l'agriculture et du commerce :

« Les soussignés, propriétaires d'oliviers de la.ville de Beaucaire, attestent que le fruit de cet arbre ayant été, cette année, profondément attaqué par la mouche de l'olivier, au point qu'un bon nombre d'olives renfermaient jusqu'à quatre larves de cet insecte, M. le Maire de cette ville a donné un avis salutaire pour en arrêter les ravages, avis qui a été suggéré à ce magistrat par M. César Blaud.

» Il en est résulté que ceux qui l'ont suivi ont eu une huile assez abondante et d'assez bonne qualité, tandis que ceux qui n'ont cueilli leurs olives qu'à la fin du mois d'octobre, n'ont obtenu qu'une huile de qualité bien inférieure et dont la quantité a été moindre d'un quart.

» Beaucaire, 7 octobre 1846. »

(Suivent les signatures.)

FIN DE CETTE HISTOIRE.

PREUVES

DE

L'EXISTENCE DE DIEU.

PREUVES

DE L'EXISTENCE DE DIEU,

PUISÉES

DANS LA GÉOLOGIE, LA ZOOLOGIE
ET LA BOTANIQUE.

———

Si Dieu n'existait pas, tous les êtres qui vivent sur la terre n'existeraient pas non plus.

Les preuves que nous allons donner de cette grande vérité la rendront évidente. Aussi n'aurons-nous pas besoin d'avoir recours aux livres saints pour la démontrer. Nous n'emploîrons qu'un raisonnement simple, et qui sera plus que suffisant pour la faire comprendre. Nous n'admettrons pour preuves que la géologie et l'histoire naturelle des animaux et des végétaux, qui parlent aussi haut que les discours les plus éloquens, et qui démontreront aux plus incrédules, qu'il n'y a que Dieu seul qui ait pu créer tous les êtres qui vivent sur la terre.

La géologie atteste que le globe terrestre, dans son état primitif, était tout embrasé ou incandescent, tant à l'intérieur qu'à l'extérieur; et que les eaux alors, se trouvaient constamment à l'état de vapeurs par l'excès de calorique du globe qui les repoussait toujours.

Plus tard, et après un temps plus ou moins long, la partie extérieure de ce globe commença à se refroidir. Il s'y forma une espèce de croûte à la surface par son refroidissement. Cette croûte devint par degrés de plus en plus épaisse. Et lorsqu'elle fut assez forte pour s'op-

poser au dégagement des différens gaz qui
s'élevaient de l'intérieur du globe, où était le
foyer principal de la chaleur, ces mêmes gaz,
en s'accumulant sur divers points sous cette
croûte terrestre, durent agir sur elle et finir
par s'en dégager; ils soulevèrent alors, sur
ces divers points, cette même croûte encore
chaude. Et c'est ce premier boursoufflement
qui forma les hauteurs ou inégalités que nous
appelons montagnes.

C'est là la théorie des soulèvemens que
M. Elie de Beaumont a mise en lumière; et
son savant mémoire, sur cette matière, qui
fut lu à l'Académie des Sciences, fit connaître
la cause de la formation des montagnes encore
inconnues avant lui.

Lorsque la partie extérieure du globe terrestre, par son refroidissement, permit aux eaux
en vapeurs de passer à l'état liquide, alors ces
mêmes eaux tombèrent sur le globe; se réu-

nirent en cherchant leur niveau , et formèrent ce que nous appelons aujourd'hui les lacs et les mers.

Dans les soulèvemens des couches terrestres les géologues reconnaissent quatre périodes ou époques, qui se distinguent les unes des autres par les hauteurs différentes des montagnes.

Dans la première époque , le résultat des soulèvemens fut beaucoup moindre que dans les suivantes ; la croûte terrestre étant alors moins épaisse elle eut bien moins de substance pour produire d'épais soulèvemens.

Plus cette croûte devint épaisse et plus les soulèvemens furent considérables; d'où il suit que les plus hautes montagnes furent formées les dernières.

Aujourd'hui cette croûte terrestre est estimée à 25 lieues d'épaisseur ; et malgré que cette étendue nous paraisse énorme, combien est-elle minime si nous la comparons au restant de l'intérieur du globe, qui est toujours à l'état incandescent, puisqu'il a encore 2,950 lieues de diamètre !

Il n'est pas étonnant alors qu'avec cet immense foyer de chaleur, lorsqu'on creuse la terre, le thermomètre monte d'un degré tous les 27 mètres de profondeur, ce qui peut donner une idée de l'intensité de la chaleur centrale.

Les soulèvemens ont eu lieu dans les différentes périodes sur la surface du globe terrestre. Ils ont laissé de grands vides souterrains; et de là sont provenus les divers tremblemens de terre occasionnés soit par des éboulemens intérieurs, soit par des commotions volcaniques.

Les montagnes et les monts n'ont pas tous été produits par soulèvemens. Il en est qui ont été formés par des dépôts marins ou d'eau douce. Mais la formation de ces derniers est de beaucoup postérieure à ceux des premiers. Ils sont aussi, bien reconnaissables, par leurs couches parfaitement horizontales ; tandis que les premiers les ont toujours inclinées. Cette inclinaison est le signe certain d'un soulèvement.

Si, à Beaucaire, on veut s'en convaincre, on n'a qu'à examiner le rocher de son château, ainsi que ceux des combes de Margailler qui viennent aboutir au chemin, à partir du rocher de la Fausse-Monnaie, et l'on trouvera sur tous ces points une inclinaison sur le midi bien prononcée. Cette ligne inclinée est encore plus sensible sur les roches de la dernière combe, tandis que nos carrières de calcaire tendre ou pierre à bâtir, ont leurs couches parfaitement horizontales et composées presque entièrement de débris de coquille, que la mer y a déposées dans le temps.

Dans ce dépôt marin, à part les débris de testacés qui le composent, on trouve aussi quelques dents de requin qui ont de grandes dimensions. Nous en avons à notre disposition, trouvées par des carriers, qui ont 7 et 8 centimètres de largeur à la base, et autant de hauteur. M. le docteur Blaud en a une dans son cabinet, dont les dimensions sont encore plus grandes. Elle a, à la base, 9 centimètres de largeur; ce qui donne à la gueule de l'animal auquel elle a appartenu près de trois mètres de diamètre d'une mâchoire à l'autre.

Dans ces temps reculés, où l'Océan inondait nos contrées, les animaux qui vivaient dans son sein avaient-ils des dimensions que la succession des siècles et les changemens survenus dans la température de notre globe ont fait perdre à leurs espèces?

Dans ce dépôt on rencontre également des dents beaucoup plus petites, appartenant à d'autres espèces de poissons. On y a trouvé aussi, et à différentes époques, des lézards pétrifiés.

Il y a 7 à 8 ans que M. Jean Juliard, maître carrier, découvrit , dans une cavité de cette pierre , le squelette pétrifié d'un *lamantin* , mammifère aquatique qui avait de grandes dimensions. Ce squelette fut vendu à M. de Christol, professeur d'histoire naturelle à Dijon.

Il y a 25 ans environ, que sous la pierre tendre , sur le roc , on trouva un morceau de corail rouge , de la grosseur du petit doigt qui y était adhérent. On le vendit à M. de Courtois de Beaucaire , qui a un cabinet très curieux d'objets divers.

A cette même époque , en exploitant le rocher du château de Beaucaire, on rencontra, dans le cœur de la pierre, une corne d'*ammon* pétrifiée, qui avait 25 centimètres de diamètre.

Cette ammonite , de forme spirale , ne se trouve que fossile. Depuis bien de siècles l'espèce en est entièrement perdue. Elle fut donnée à un médecin de Beaucaire.

Tout cela prouve de la manière la plus positive, que nos carrières ne sont autres choses que des dépôts coquilliers formés par la mer.

Quant aux diverses couches du globe terrestre, les géologues les divisent en quatre catégories, la première est appelée *terrains primordiaux*, la seconde *terrains intermédiaires* et *secondaires*, la troisième *terrains tertiaires*, et la quatrième *terrains diluviens* et *post diluviens*.

Cette quatrième catégorie est celle sur laquelle nous vivons, et qui date du déluge.

Parmi les nombreuses preuves de ce désastre, on peut comprendre ces grands dépôts de cailloux roulés que l'on trouve partout, le plus souvent loin des rivières. Nous en avons, à Beaucaire, un exemple frappant, soit dans le terrain du château de Saint-

Montan (Gaujac), principalement sur les faces latérales du chemin de fer, soit dans tout notre *grès*. Ces grands dépôts diluviens n'ont pu être transportés là que par une force incompréhensible.

Ajoutons-y ces grands blocs de même nature que les cailloux roulés (*silex*), que l'on appelle erratiques, dont les angles émoussés indiquent qu'ils ont été roulés par une très grande puissance.

On voit beaucoup de ces monumens diluviens, principalement sur les bords de la rivière du Var et dans beaucoup d'autres contrées, où ils ne peuvent avoir été apportés que par d'immenses courans d'eau.

Nous ajouterons encore, que tout indique que les vallées ont été creusées par une irruption générale des eaux diluviennes : soit parce qu'elles ont presque toutes la même direction, sud-est nord-ouest, soit aussi parce que l'on y trouve, le plus souvent, des masses considérables de cailloux roulés, et quelquefois des blocs erratiques. Quant aux débris fossiles des grands animaux qui, depuis le déluge, n'existent plus, nous savons que ces ossemens se rencontrent plutôt dans les vallées des climats froids que dans nos contrées. Pourtant nous pouvons affirmer que notre sol en contient ; en voici une preuve :

On préparait à Beaucaire, en 1839, le terrain du chemin de fer pour y construire le viaduc de Genestet, lorsque, en creusant ce terrain d'alluvion, on y rencontra, sur le point même des premières piles, du côté de l'est, le *tibia* pétrifié d'un mastodonte, quadrupède antédiluvien, qui se rapproche beaucoup de l'éléphant, et que l'on ne trouve plus que fossile.

Ce tibia a 51 centimètres de longueur, et 42 centimètres de circonférence à son extrémité

supérieure. Il est si conforme avec le dessin
qui se trouve dans le dictionnaire pittoresque
d'histoire naturelle, de cette partie du même
animal, qu'il serait bien difficile de s'y mé-
prendre.

Le tibia du mastodonte est le seul dont la
forme se rapproche le plus de celle de la même
partie chez l'homme. Ce caractère particulier
est le plus propre à le faire reconnaître.

Un pareil objet est intéressant sous plusieurs
rapports : d'abord parce qu'on le rencontre
très rarement, ensuite parce qu'il nous rap-
pelle une époque très reculée, et enfin parce
qu'il nous porte à méditer sur le grand cata-
clysme qui a bouleversé la surface de la terre.

Ce tibia est en la possession de M. Anthoine,
médecin à Beaucaire, qui a eu l'obligeance
de nous le confier.

Nous venons de voir que le monde n'a pas
toujours existé tel qu'il est aujourd'hui. Mais

laissons là la géologie, et jetons un coup d'œil sur les êtres organisés.

Il est un axiome bien prouvé d'histoire naturelle : c'est qu'un être organisé, qui jouit de la vie, ne peut être né que d'un autre être de la même espèce. C'est là un fait incontestable que nul ne saurait nier.

Ceux qui pensent que les vers qui sont dans les fruits, les bois, les racines et les substances animales en décomposition, sont engendrés par les corps dans lesquels on les trouve, et que c'est le pur hasard qui les produit, soutiennent une absurdité.

Si ces bonnes gens savaient que tel fruit ou tel bois, etc., est plus propre que tel autre au développement de l'œuf que tel insecte y a déposé, et que le ver qui est le résultat de l'éclosion de l'œuf trouve dans ce fruit une substance toute particulière qui sert à son accroissement, plutôt que dans tel autre, pour arriver à sa transformation en nymphe et de là sortir de ce fruit à l'état d'insecte parfait, tandis qu'un autre fruit scrait contraire à son développement; si ces gens-là le savaient, ils ne diraient pas que c'est le hasard qui le produit.

La nature prévoyante a donné à l'insecte l'instinct nécessaire pour qu'il pût connaître le corps dans lequel sa progéniture doit prospérer.

Tout être qui a la vie, l'a nécessairement reçue d'un autre être semblable à lui. Les poissons ne peuvent naître qu'après que le mâle a fécondé les œufs de la femelle sur le lieu où elle les a déposés. Il en est de même de tous les êtres vivans. Sans cette condition, les animaux et les végétaux n'auraient jamais existé.

Le plus petit insecte a ses organes particuliers comme l'éléphant a les siens. Et si cet énorme animal ne peut naître de rien, il en est de même du plus petit. La terre qui est un corps

inorganique, pourrait-elle composer les organes des êtres vivans?

Il en est de même des végétaux. A une petite
plante comme à un grand arbre il faut à tous
deux les mêmes conditions pour fructifier.

Tous les végétaux renferment dans la fleur,
soit sur le même individu, soit dans des indi
vidus différens, le mâle et la femelle. L'organe
femelle, que l'on appelle pistil, est au centre
de la fleur. Le mâle, appelé étamine, est
composé d'un filet et d'une espèce de tête
nommée anthère dans laquelle est renfermé
la poussière fécondante dont le pistil s'empare,
à l'époque de la fécondation, soit par le rap-
prochement des organes, soit par le transport
qu'en font les insectes, ou bien par l'effet du
vent. La matière fécondante descend à travers
les vaisseaux du pistil dans les ovaires, et de
là s'en suit la fécondation du fruit.

Il est quelques végétaux dont les deux sexes

sont sur deux pieds séparés , l'un porte le mâle
et l'autre la femelle. Tels les pistachiers , les
dattiers , etc.

Pour obtenir des pistaches , il faut que les
deux arbres soient rapprochés l'un de l'autre,
afin qu'un vent favorable , à l'époque de la
fécondation , répande sur la femelle la poussière fécondante du mâle. Sans cette condition,
point de fruits. En voici un exemple :

Dans le temps , il y avait à Nice un propriétaire qui avait dans son jardin un dattier assez
gros et qui pourtant ne produisait jamais de
fruits. Etonné de la stérilité de son arbre , et
n'en connaissant pas la cause, ce bon propriétaire s'adresse à un ancien ami , marin de
profession , qui avait fait plusieurs voyages
dans les îles où le dattier est commun.

Cet ami lui répond ce que nous venons de
dire au sujet du pistachier, et que son arbre

étant femelle il lui fallait des rameaux fleuris du mâle pour le faire fructifier ; et comme il allait faire un autre voyage, à son retour il en apporterait.

Effectivement, à son retour il apporta de ces rameaux fleuris du mâle ; on les secoua sur la femelle, et au grand étonnement du propriétaire, son dattier fructifia. Il reconnut alors qu'avec une femelle sans mâle, la reproduction est impossible.

Pour dernière preuve de ce que nous venons d'avancer, qu'un être qui jouit de la vie ne peut pas être né de rien, nous dirons : Si l'on calcinait des pierres granitiques primordiales, qu'on les réduisît en terre, et que l'on mit cette terre sous cloche, pourrait-on croire qu'il sortît spontanément de cette terre inerte et à l'état de cendre, des animaux et des végétaux ? Elle y resterait des siècles entiers qu'elle serait toujours stérile. Un minéral ne peut produire un animal ni un végétal.

Reprenons maintenant le globe terrestre au point où nous l'avons laissé : les eaux réunies, et la partie non submergée couverte entièrement de pierres primordiales calcinées.

Dans cet état de choses, qui pourrait concevoir que sur ce sol, effrayant de nudité, de silence et d'aridité, l'homme ait pu naître spontanément de ce chaos, ainsi que tous les autres êtres vivans que nous voyons aujourd'hui, sans la volonté de Dieu ?

Si, comme nous venons de le prouver, Dieu a créé les êtres organisés, qui aurait pu, en même temps, créer l'univers entier si ce n'avait été Dieu lui-même ?

FIN.